„Wie viele?“

1 Immer 3.

2 Immer 4.

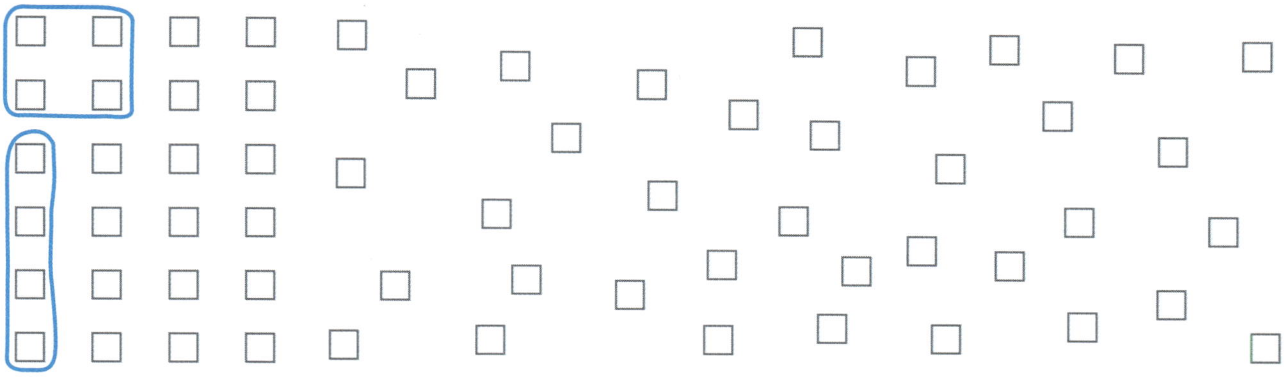

3 Immer 5.

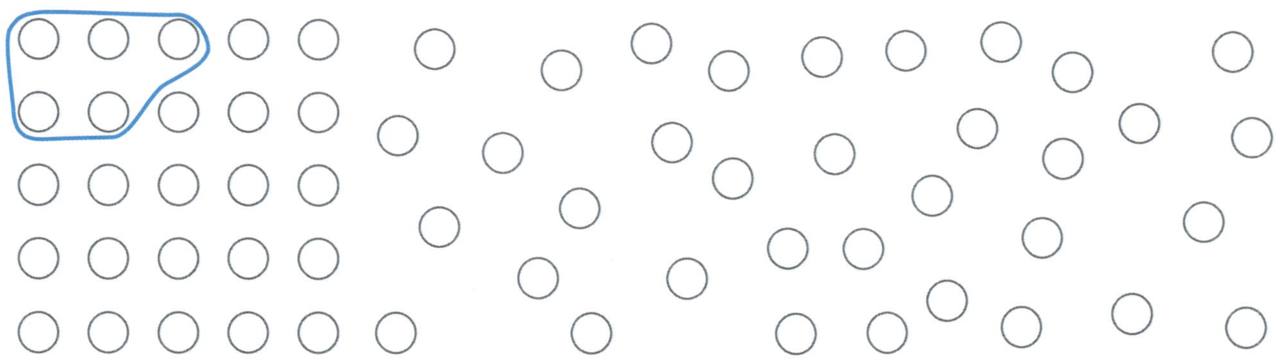

4 Immer 6.

Kontrolle: Nirgends bleibt ein Rest.

ϟ „Wie viele?"

1 Immer 3. Wie viele Dreier?

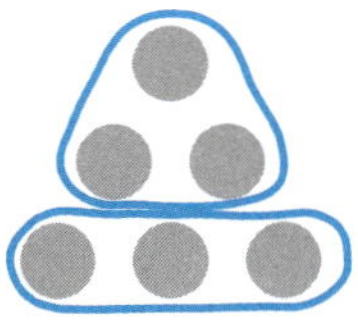

2 Dreier

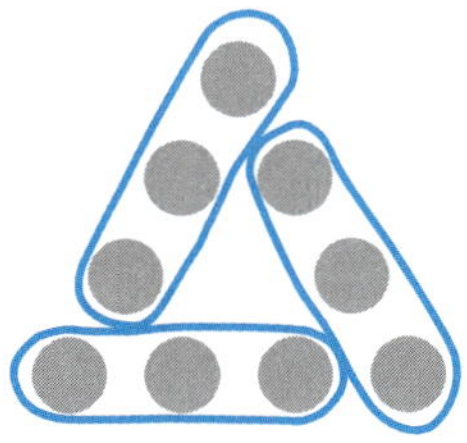

3 Dreier

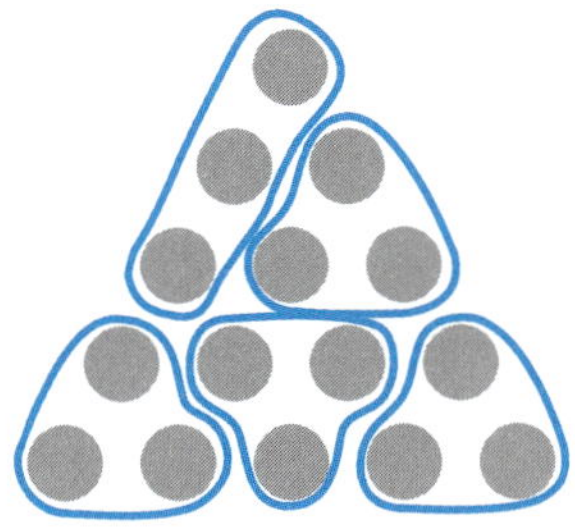

.... Dreier

.... Dreier

.... Dreier

2 Immer 3. Wie viele Dreier?

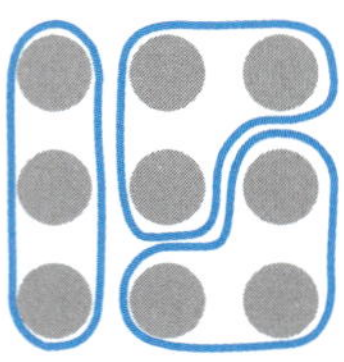

3 Dreier

.... Dreier

.... Dreier

.... Dreier

.... Dreier

Kontrolle: Nirgends bleibt ein Rest.

1 Immer 4. Wie viele Vierer?

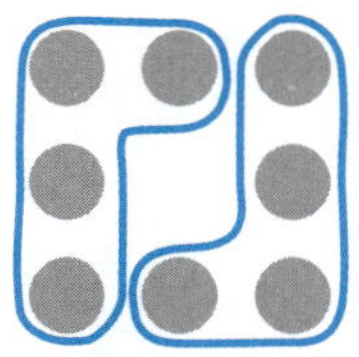

...2... Vierer

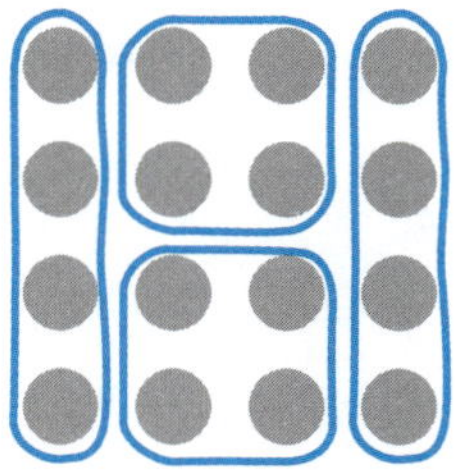

.... Vierer

...6... Vierer

.... Vierer

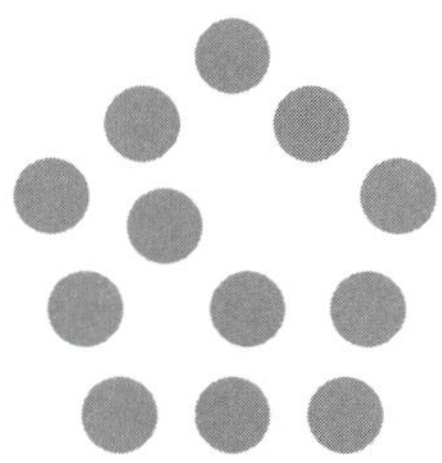

.... Vierer

2 Immer 4. Wie viele Vierer?

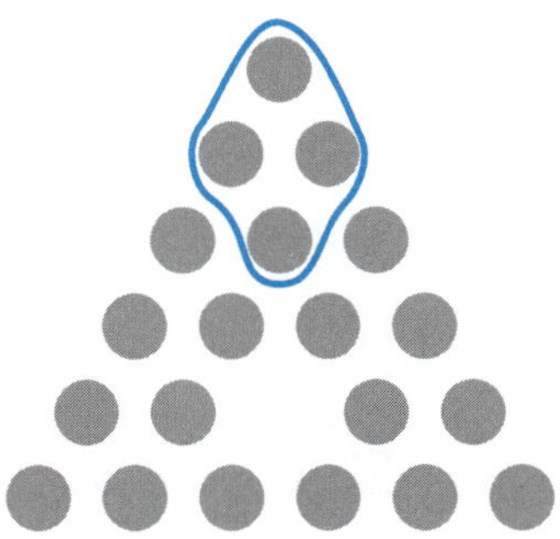

.... Vierer

.... Vierer

.... Vierer

Kontrolle: Nirgends bleibt ein Rest.

„Wie viele?“

1 Immer 5. Wie viele Fünfer?

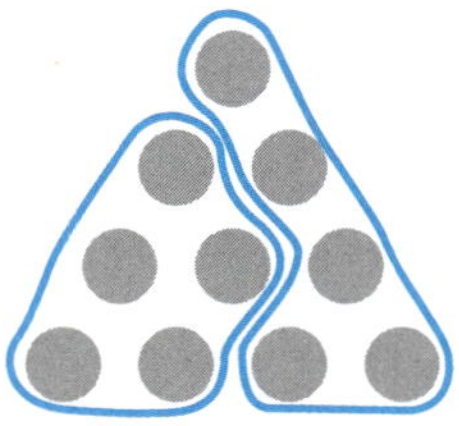

2 Fünfer

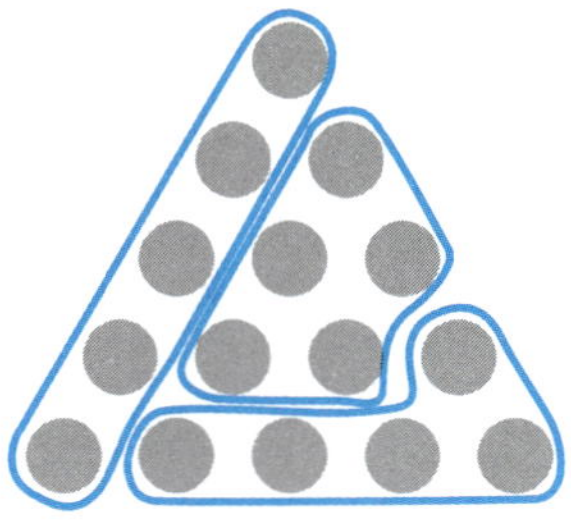

3 Fünfer

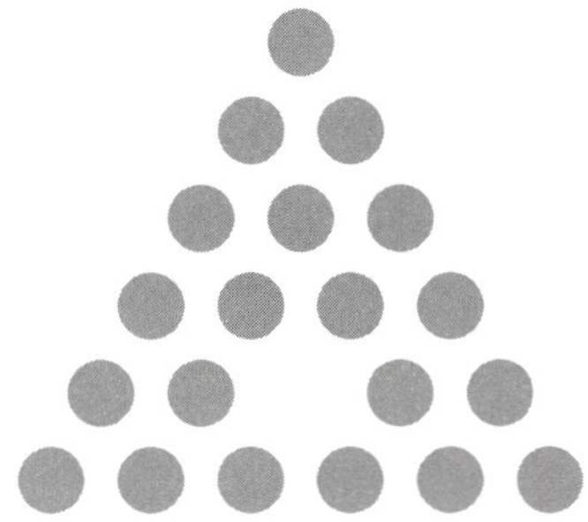

.... Fünfer

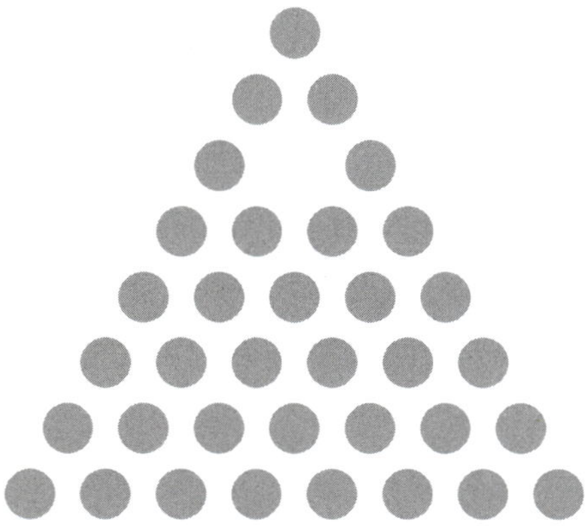

.... Fünfer

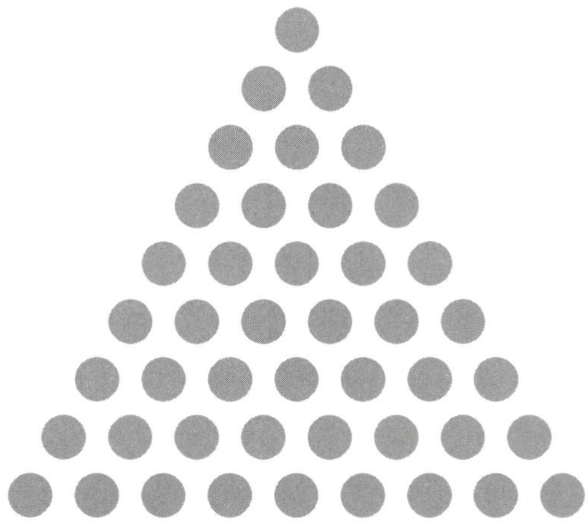

.... Fünfer

2 Immer 5. Wie viele Fünfer?

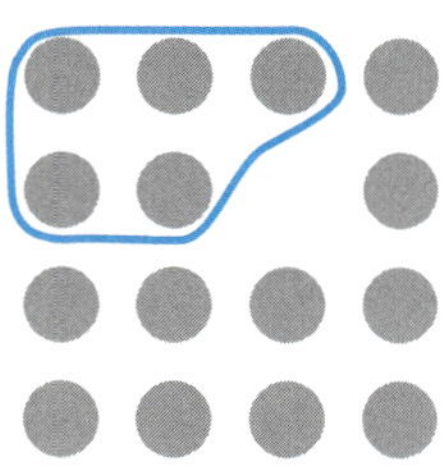

.... Fünfer

.... Fünfer

.... Fünfer

Kontrolle: Nirgends bleibt ein Rest.

1 Vorwärts zählen.

1	2	3	4									13

3	4	5										15

5	6											17

7	8											19

9	10										20	

2 Rückwärts zählen.

20	19	18	17									8

18	17	16										6

16	15											4

14	13											2

12	11										1

1, 2 Zahlen vorwärts und rückwärts schriftlich notieren.
Kontrolle: Kinder auf Zweierschritte in den vertikalen Reihen aufmerksam machen.

ϟ „Zahlenreihe“

Welche Zahl?

1

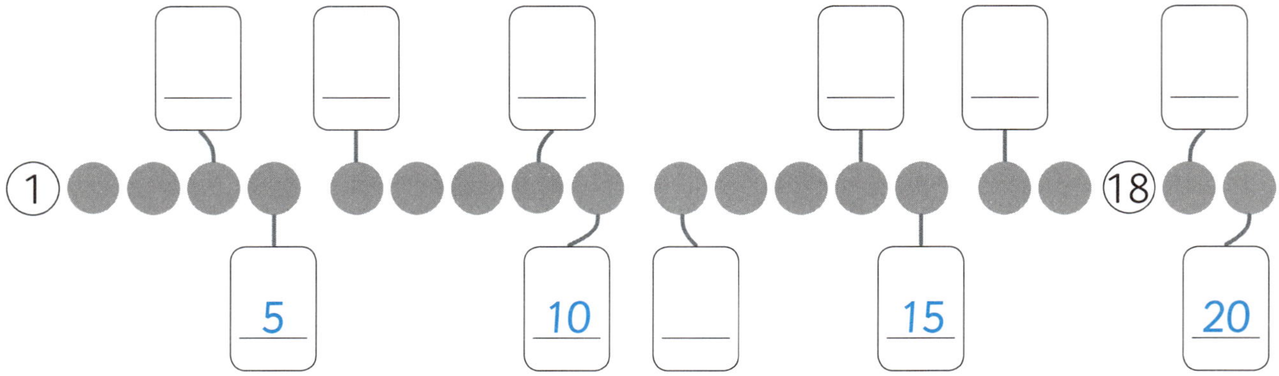

2

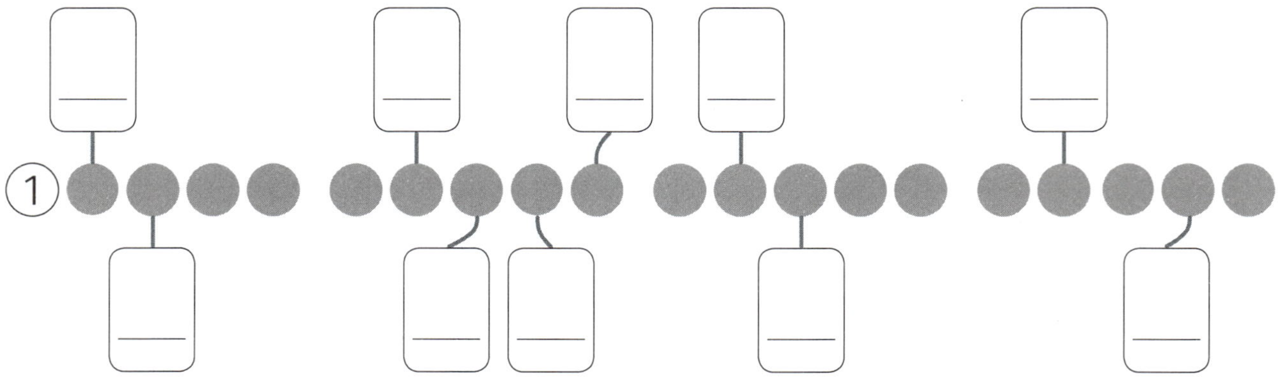

Verbinde.

3

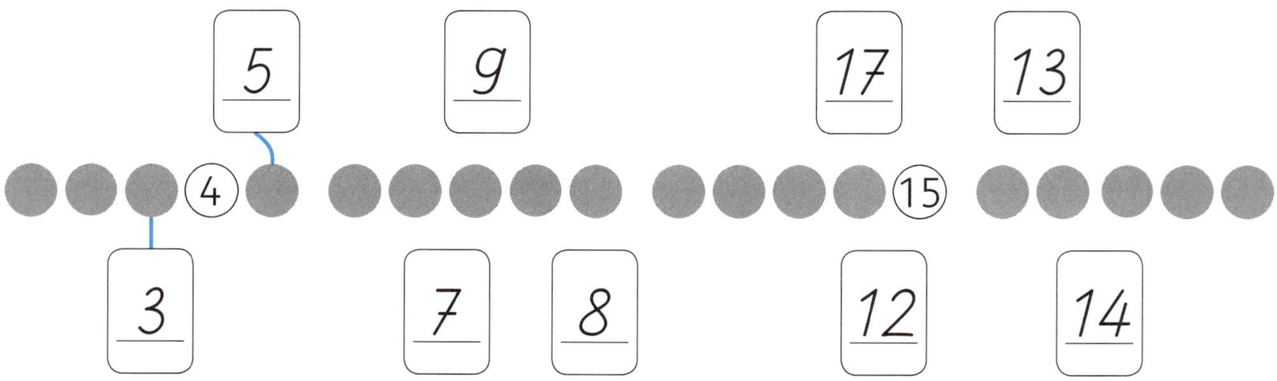

4

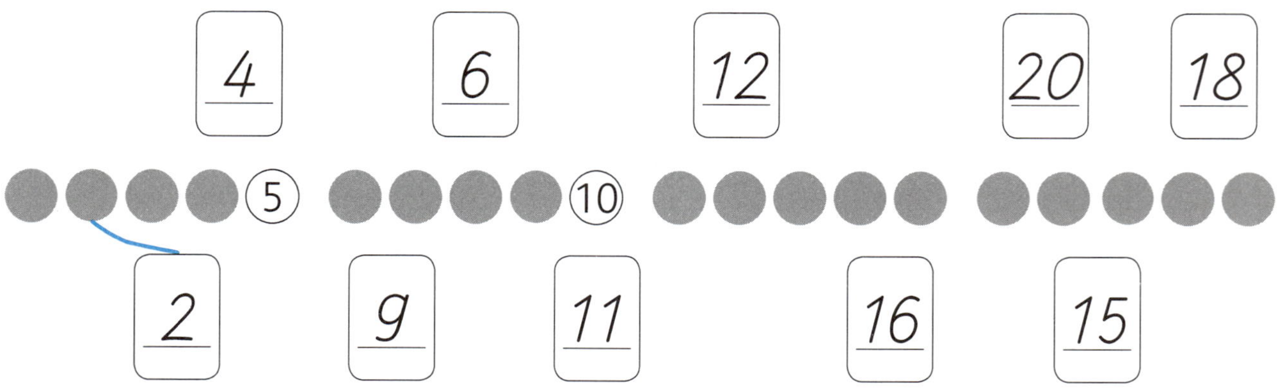

1, 2 Zahlen richtig eintragen. **3, 4** Zahlen mit Zahlenreihe verbinden.

„Kraft der Fünf“

1

5	…………	…………	…………
5 + 0	5 + 5	5 + 5 + 5	5 + 5 + 5 + 5

2

6	…………	…………	…………
5 + 1	5 + 5 + 1	5 + 5 + 5 + 1	5 + 5 +

3

…………	…………	…………	…………
5 + 2	5 + 5 + 2	5 + 5 + 5 + 2	

4

…………	…………	…………	…………
5 + 3	5 + 5 + 3	5 + 5 + 5 + 3	

5

…………	…………	…………	…………
5 + 4	5 + 5 + 4	5 + 5 + 5 + 4	

Aus den Zerlegungen nach der Kraft der Fünf die Zahlen in den Dächern berechnen, Reihe evtl. fortsetzen.
Kinder auf Zunahme des Summanden 5 in jeder Aufgabengruppe aufmerksam machen.

„Kraft der Fünf"

1

7	12	17
5 + 2	5 + 5 +	

2

6	11	16

3

9	14	19

4

8	13	18

5

5	10	15	20
5 + 0			

Zu den Zahlen die Zerlegungen nach der Kraft der Fünf berechnen. Kinder auf gleiche Einer in jeder Aufgabengruppe aufmerksam machen.

1

6	7	8	9
5 + 1			

10	11	12	13
5 +	5 + 5 +		

14	15	16	17

18	19	20

2

16	12	8	4

11	7	18	14

6	17	13	19

Zu den Zahlen Zerlegungen nach der Kraft der Fünf berechnen. **1** Auf die fortlaufende Auffüllung zu einem Fünfer hinweisen. **2** Kontrolle: Die Einer nehmen in jeder Reihe um jeweils 1 zu.

⚡ „Zerlegen“

1

3	3	3			
1 +	2 +	3 +			
4	4	4	4		
1 +	2 +	3 +	4 +		
5	5	5	5	5	
1 +	2 +	3 +	4 +	5 +	
6	6	6	6	6	6
1 +	2 +	3 +	4 +	5 +	6 +
7	7	7	7	7	7
1 +	2 +	3 +	4 +	5 +	6 +

2

3	4	5	6	7	8
3 +	3 +	3 +	3 +	3 +	3 +
	4	5	6	7	8
	4 +	4 +	4 +	4 +	4 +
		5	6	7	8
		5 +	5 +	5 +	5 +

Kleine Zahlenhäuser zur Notation von Zerlegungen nutzen. **1, 2** Kontrolle: Muster beim zweiten Summanden horizontal und vertikal.

„Zerlegen“

1

3	4	5	6	7	8	9
1 +	1 +	1 +	1 +	1 +	1 +	1 +

3	4	5	6	7	8	9
2 +	2 +	2 +	2 +	2 +	2 +	2 +

3	4	5	6	7	8	9
3 +	3 +	3 +	3 +	3 +	3 +	3 +

4	5	6	7	8	9
4 +	4 +	4 +	4 +	4 +	4 +

5	6	7	8	9
5 +	5 +	5 +	5 +	5 +

2

3	4	5	6	7
0 +	2 +	3 +	1 +	2 +
1 +	3 +	0 +	6 +	3 +
3 +	0 +	2 +	2 +	0 +
2 +	4 +	4 +	0 +	4 +
	1 +	1 +	4 +	1 +
		5 +	3 +	5 +
			5 +	6 +
				7 +

1 Kinder auf Beziehungen zwischen Zerlegungen benachbarter Zahlen aufmerksam machen. **2** Alle Zerlegungen für die Zahlen 4, 5, 6 und 7 finden und jeweils vergleichen.

„Zerlegen“

1

7	8	9	10
7 +	7 +	7 +	7 +
6 +	6 +	6 +	6 +
5 +	**5** +	**5** +	**5** +
4 +	4 +	4 +	4 +
3 +	3 +	3 +	3 +

7	8	9	10
6 +	**7** +	**8** +	**9** +
5 +	6 +	7 +	8 +
4 +	**5** +	6 +	7 +
3 +	4 +	**5** +	6 +
2 +	3 +	4 +	**5** +

2

7	8	9	10
3 +	1 +	0 +	**5** +
0 +	4 +	**5** +	3 +
1 +	2 +	3 +	4 +
5 +	0 +	1 +	6 +
2 +	**7** +	4 +	7 +
6 +	**5** +	6 +	0 +
4 +	6 +	7 +	2 +
7 +	3 +	**8** +	8 +
	8 +	2 +	**9** +
		9 +	1 +

1 Zerlegungen der Zahlen 7, 8, 9 und 10 gegenüberstellen und vergleichen. Kontrolle durch horizontale und vertikale Muster. **2** Zerlegungen der Zahlen 7, 8, 9 und 10 finden und vergleichen.

1

10	10	10	10
5 +	2 +	1 +	10 +
6 +	4 +	3 +	9 +
7 +	6 +	5 +	8 +
8 +	8 +	7 +	7 +
9 +	10 +	9 +	6 +

2

20	20	20	20
20 +	19 +	15 +	15 +
18 +	17 +	16 +	14 +
16 +	15 +	17 +	13 +
14 +	13 +	18 +	12 +
12 +	11 +	19 +	10 +

3

10	20	10	20
9 +	19 +	4 +	14 +
6 +	16 +	2 +	12 +
5 +	15 +	3 +	13 +
7 +	17 +	1 +	11 +
8 +	18 +	0 +	10 +

1 Ergänzungen bis 10 in unterschiedlicher Strukturierung. **2** Ergänzungen bis 20 in unterschiedlicher Strukturierung. **3** Analogien zwischen Ergänzungen bis 10 und bis 20.

„Verdoppeln“

1

2		4							
1	**1**	**2**	**2**	3	3	4	4	**5**	**5**

6	6	7	7	8	8	9	9	**10**	**10**

2

1	1	6	6	2	2	7	7

3	3	8	8	4	4	9	9

3

10	10	9	9	5	5	4	4

5	5	6	6	3	3	2	2

9	9	8	8	6	6	7	7

Kleine Zahlenmauern zur Notation von Verdopplungen. **2** Verdoppeln mit der Kraft der Fünf. **3** Verdopplungen von Nachbarzahlen.

„Verdoppeln"

1

Zahl	1	2	3	4	5	6	7	8	9	10
Das Doppelte	2	4	6							

Zahl	5	1	6	2	7	3	8	4	9	10
Das Doppelte										

2

Zahl	1	2	4	8	3	6	5	10	7	9
Das Doppelte										

Zahl	10	5	6	4	3	2	1	7	8	9
Das Doppelte										

Zahl	0	10	1	9	2	8	3	7	4	6
Das Doppelte										

3

1 + 1 = 2	2 + 2 = ...	3 + 3 = ...	4 + 4 = ...
6 + 6 = 12	7 + 7 = ...	8 + 8 = ...	9 + 9 = ...
5 + 5 = ...	5 + 5 = ...	10 + 10 = ...	2 + 2 = ...
4 + 4 = ...	6 + 6 = ...	9 + 9 = ...	3 + 3 = ...

1, 2 Verdoppeln in Tabellenform. **3** Verdoppeln in Gleichungsform.

⚡ „Verdoppeln/Plusaufgaben“

0 0 0 0 0 0	0 0 1	1 0 1	1 1 0
1 1 1	1 1 2	2 1 2	2 2 1
2 2 2	2 2 3	3 2 3	3 3 2
3 3 3	3 3 4	4 3 4	4 4 3
4 4 4	4 4 5	5 4 5	5 5 4
5 5 5	5 5 6	6 5 6	6 6 5

Kontrolle: Die Decksteine ergeben horizontal und vertikal schöne Muster.

„Plusaufgaben“

4 2 2 2 0 2	2 1 2	2 2 2	2 3 2
3 0 3	3 1 3	3 2 3	3 3 3
4 0 4	4 1 4	4 2 4	4 3 4
5 0 5	5 1 5	5 2 5	5 3 5
6 0 6	6 1 6	6 2 6	6 3 6
7 0 7	7 1 7	7 2 7	7 3 7

Kontrolle: Die Decksteine ergeben horizontal, vertikal und diagonal schöne Muster.

„Plusaufgaben“

6 5 1 4 1 0	3 2 0	2 3 0	1 4 0
4 1 1	3 2 1	2 3 1	1 4 1
4 1 2	3 2 2	2 3 2	1 4 2
4 1 3	3 2 3	2 3 3	1 4 3
4 1 4	3 2 4	2 3 4	1 4 4
4 1 5	3 2 5	2 3 5	1 4 5

Kontrolle: Die Decksteine ergeben horizontal, vertikal und diagonal schöne Muster.

„Plusaufgaben“

11 5 6 0 5 1	1 5 1	2 5 1	3 5 1
0 5 2	1 5 2	2 5 2	3 5 2
0 5 3	1 5 3	2 5 3	3 5 3
0 5 4	1 5 4	2 5 4	3 5 4
0 5 5	1 5 5	2 5 5	3 5 5
0 5 6	1 5 6	2 5 6	3 5 6

Kontrolle: Die Decksteine ergeben horizontal, vertikal und diagonal schöne Muster.

„Plusaufgaben“

1

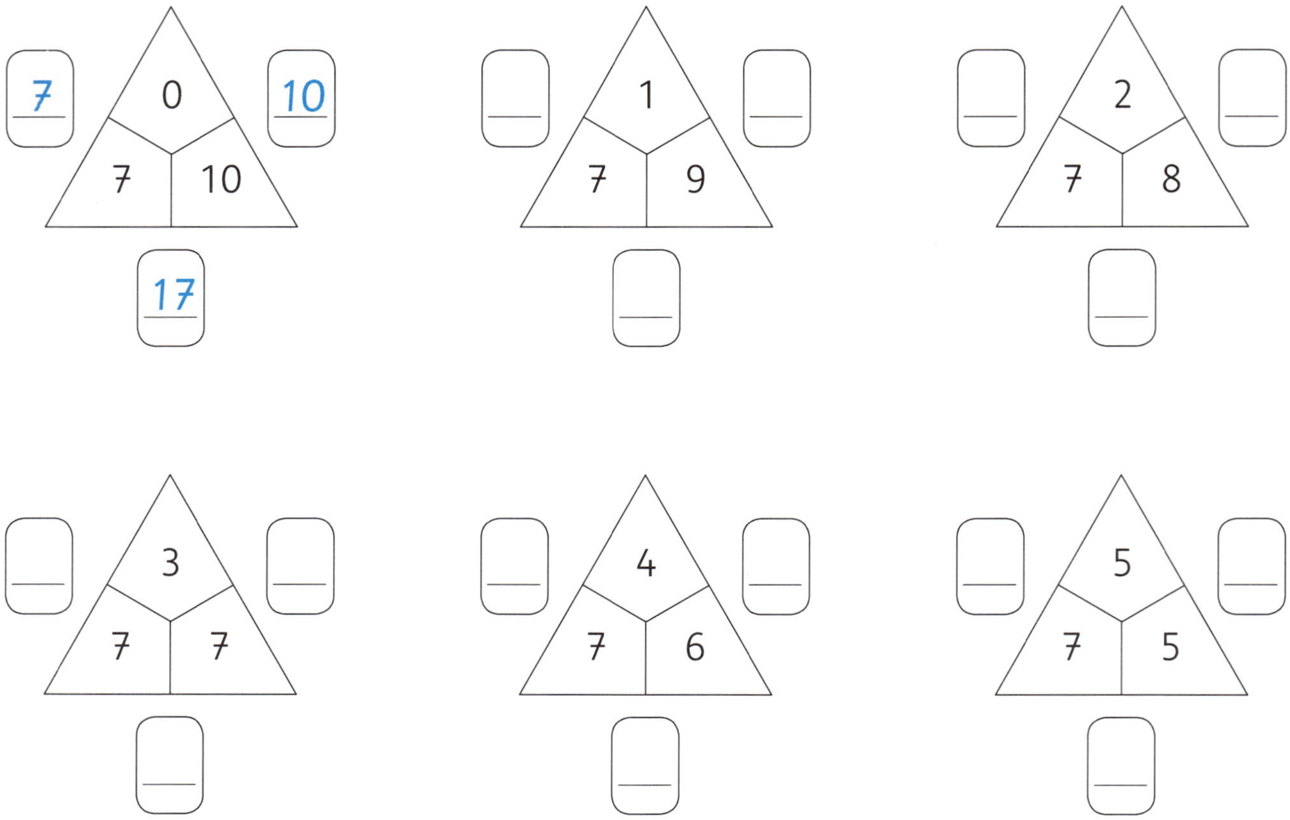

2

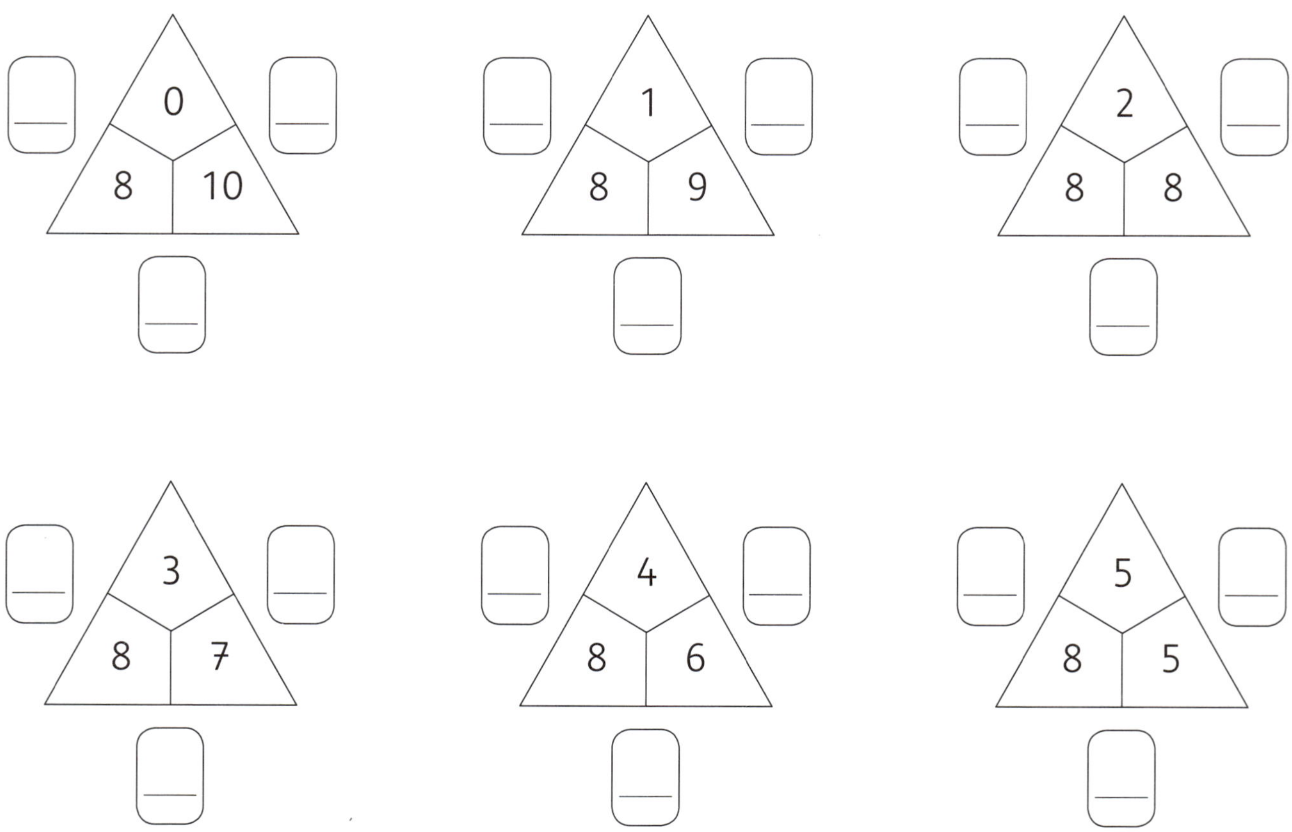

 1, 2 Kontrolle: Muster in den äußeren Zahlen.

„Plusaufgaben“

1

Oben	Links unten	Rechts unten	Außen links	Außen rechts	Außen unten
6	10	6	16	12	16
5	10	7	___	___	___
4	10	8	___	___	___
3	10	9	___	___	___
2	10	10	___	___	___
1	10	11	___	___	___

2

Oben	Links unten	Rechts unten	Außen links	Außen rechts	Außen unten
6	9	6	___	___	___
5	9	7	___	___	___
4	9	8	___	___	___
3	9	9	___	___	___
2	9	10	___	___	___
1	9	11	___	___	___

1, 2 Kontrolle: Muster in den äußeren Zahlen.

ϟ „Plusaufgaben"

1

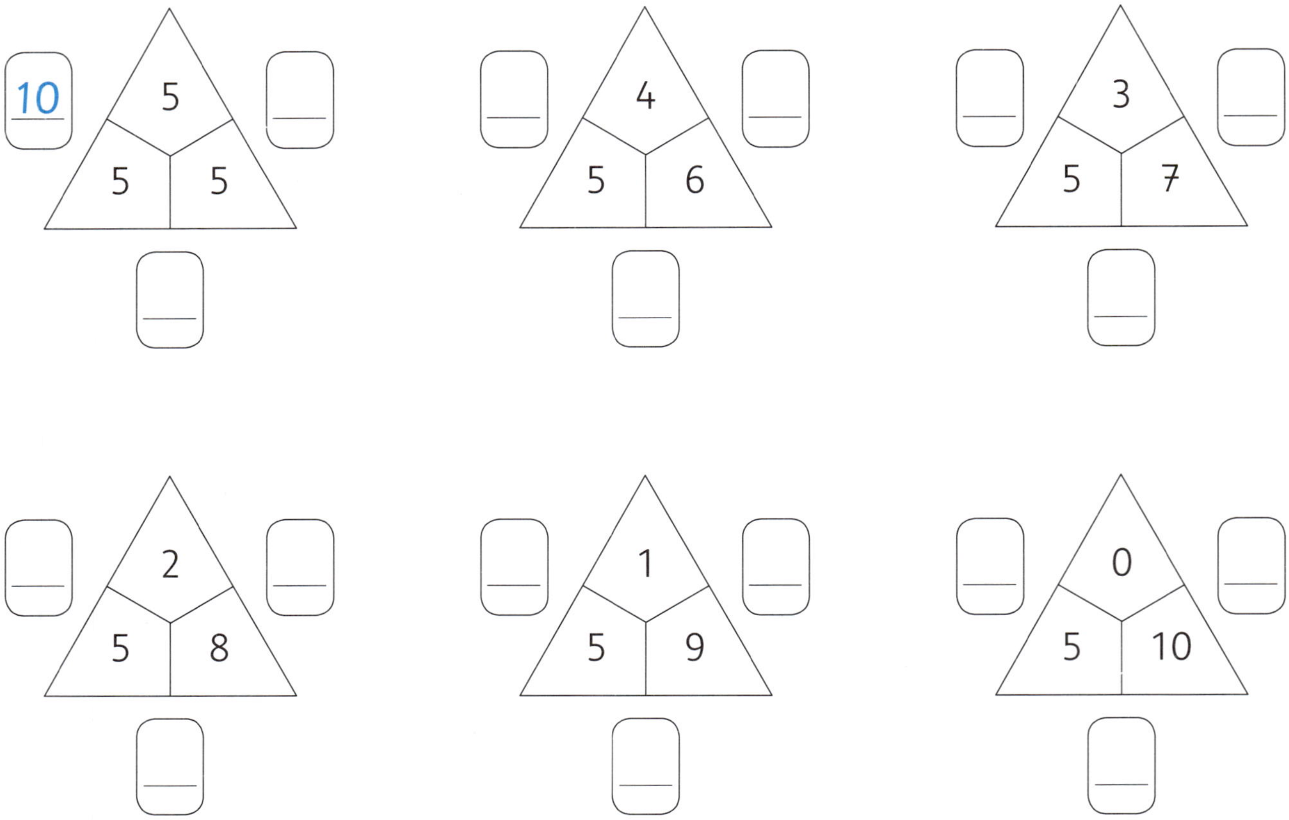

2

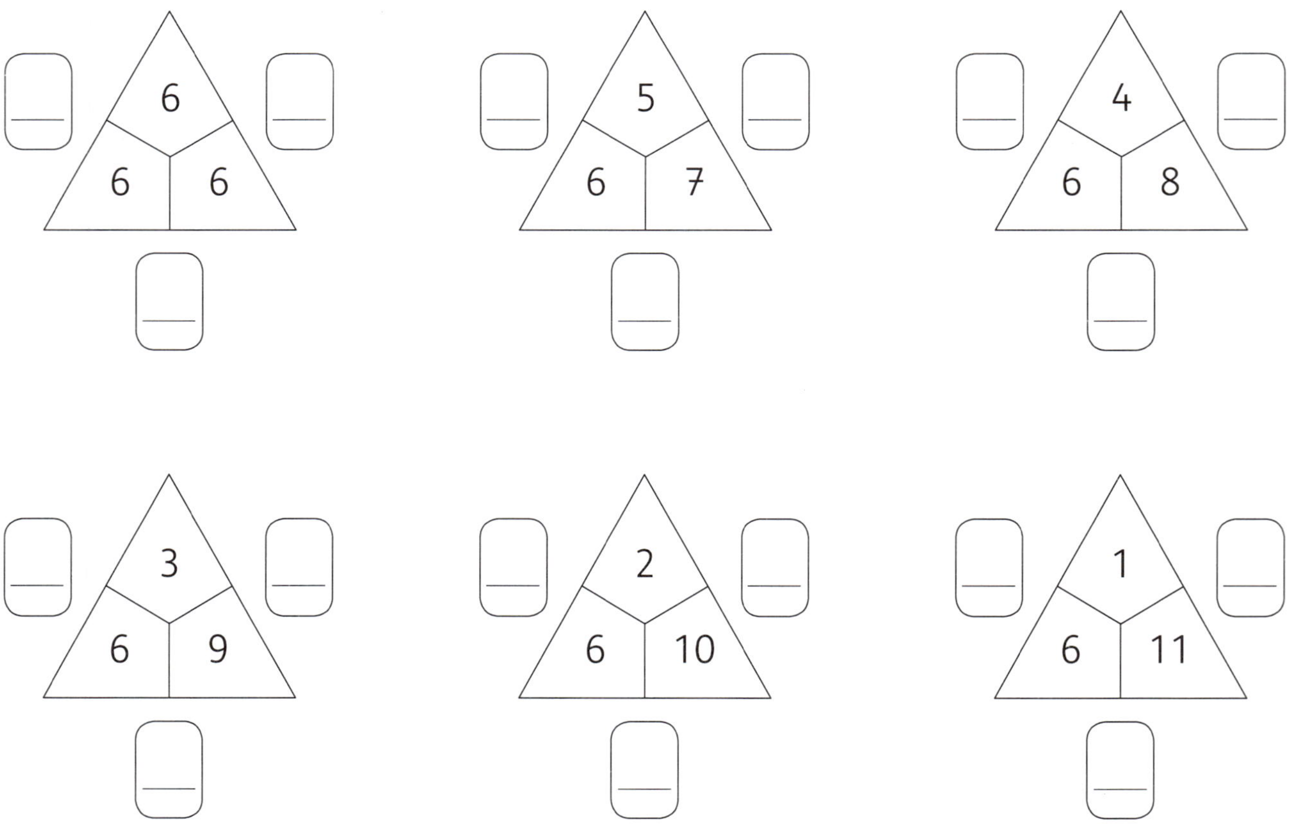

 1, 2 Kontrolle: Muster in den äußeren Zahlen.

„Plusaufgaben“

1

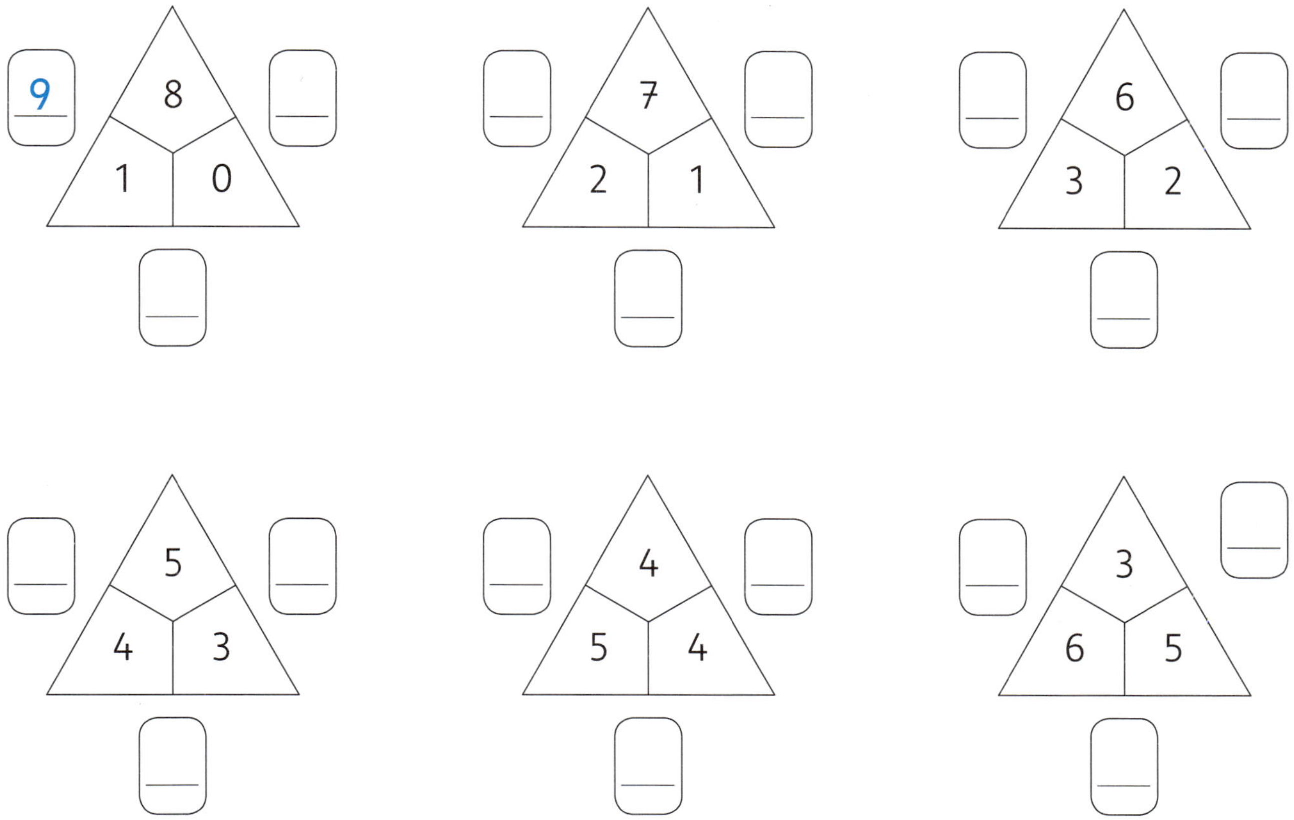

2

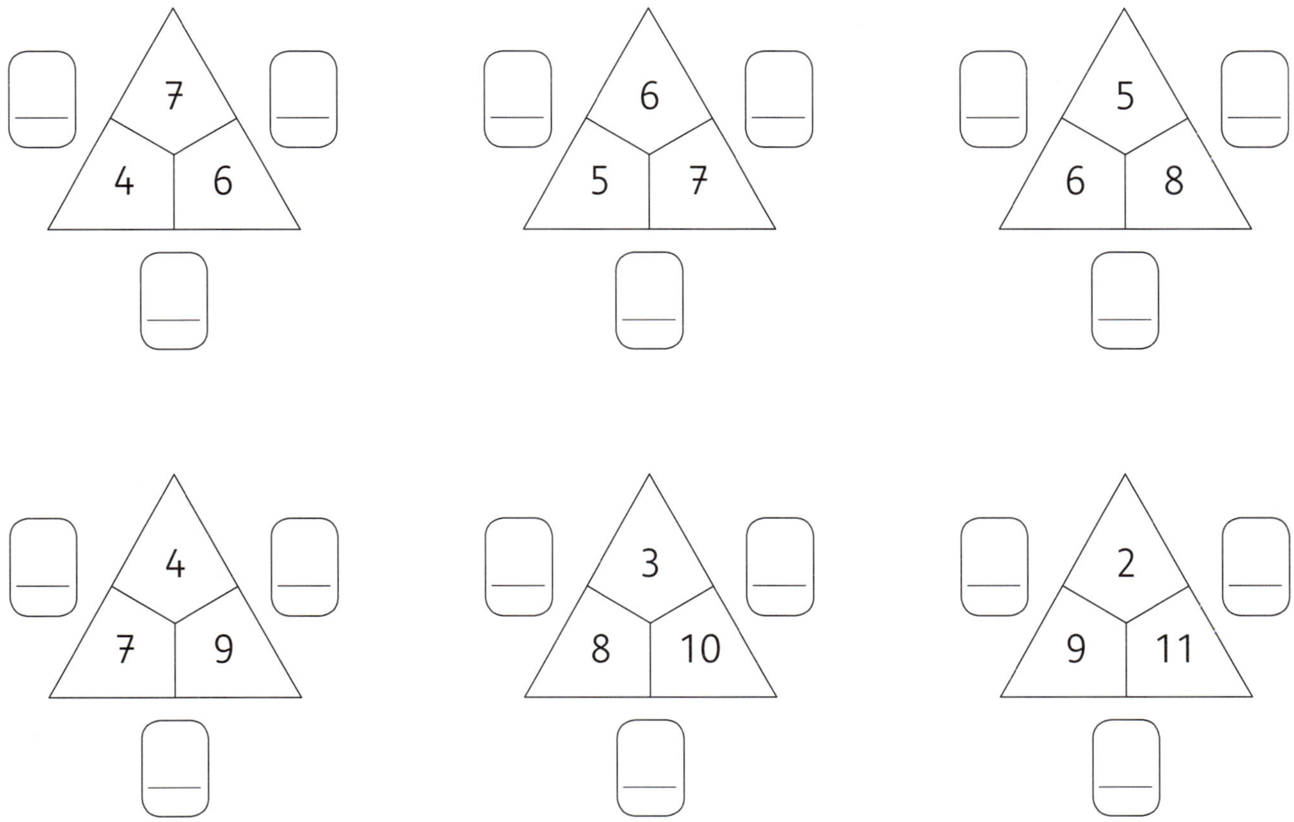

1, 2 Kontrolle: Muster in den äußeren Zahlen.

ϟ „Plusaufgaben“

1

0 + 8 = ...	3 + 5 = ...	8 + 10 = ...	4 + 6 = ...
1 + 7 = ...	2 + 4 = ...	8 + 9 = ...	3 + 6 = ...
7 + 5 = ...	5 + 10 = ...	6 + 1 = ...	3 + 10 = ...
8 + 6 = ...	4 + 9 = ...	6 + 2 = ...	3 + 9 = ...

2

10 + 7 = ...	10 + 4 = ...	0 + 8 = ...	2 + 5 = ...
8 + 7 = ...	9 + 4 = ...	1 + 8 = ...	2 + 6 = ...
1 + 10 = ...	1 + 5 = ...	8 + 5 = ...	8 + 8 = ...
1 + 9 = ...	1 + 6 = ...	8 + 6 = ...	8 + 7 = ...

3

9 + 9 = ...	7 + 10 = ...	7 + 7 = ...	1 + 7 = ...
9 + 10 = ...	7 + 9 = ...	6 + 8 = ...	2 + 6 = ...
1 + 4 = ...	5 + 5 = ...	10 + 10 = ...	5 + 5 = ...
2 + 3 = ...	6 + 5 = ...	10 + 9 = ...	5 + 4 = ...

4

4 + 6 = ...	6 + 6 = ...	10 + 2 = ...	7 + 3 = ...
4 + 7 = ...	5 + 7 = ...	9 + 3 = ...	6 + 3 = ...
10 + 5 = ...	10 + 7 = ...	8 + 8 = ...	4 + 6 = ...
9 + 6 = ...	9 + 6 = ...	9 + 8 = ...	5 + 6 = ...

1–4 Pärchen von Nachbaraufgaben. Kontrolle: In jedem Päckchen stützt die einfachere Aufgabe die schwierigere.

„Plusaufgaben"

1

2 + 8 = ...	4 + 4 = ...	2 + 2 = ...	3 + 0 = ...
3 + 8 = ...	4 + 5 = ...	2 + 3 = ...	3 + 1 = ...
3 + 3 = ...	5 + 2 = ...	6 + 4 = ...	7 + 3 = ...
3 + 4 = ...	4 + 2 = ...	7 + 4 = ...	6 + 3 = ...

2

8 + 8 = ...	5 + 7 = ...	3 + 10 = ...	7 + 7 = ...
7 + 8 = ...	4 + 8 = ...	3 + 9 = ...	6 + 8 = ...
5 + 5 = ...	6 + 10 = ...	9 + 1 = ...	10 + 3 = ...
5 + 6 = ...	6 + 9 = ...	9 + 2 = ...	9 + 3 = ...

3

10 + 8 = ...	2 + 10 = ...	8 + 2 = ...	7 + 3 = ...
9 + 8 = ...	2 + 9 = ...	8 + 3 = ...	8 + 4 = ...
7 + 7 = ...	10 + 5 = ...	4 + 4 = ...	8 + 8 = ...
6 + 7 = ...	9 + 5 = ...	3 + 4 = ...	7 + 9 = ...

4

4 + 10 = ...	6 + 4 = ...	5 + 3 = ...	6 + 6 = ...
4 + 9 = ...	6 + 5 = ...	5 + 4 = ...	7 + 6 = ...
8 + 1 = ...	6 + 2 = ...	5 + 8 = ...	10 + 6 = ...
7 + 2 = ...	6 + 3 = ...	5 + 9 = ...	9 + 7 = ...

1–4 Pärchen von Nachbaraufgaben. Kontrolle: In jedem Päckchen stützt die einfachere Aufgabe die schwierigere.

„Plusaufgaben“

1

20			
3	1	2	8

3	2	1	8

3	3	2	2

2

3	5	0	2

3	0	5	2

3	2	3	2

3

6	4	0	2

6	0	3	5

6	2	1	5

4

6	1	3	2

6	3	1	2

7	3	1	1

5

7	1	3	1

7	0	4	1

7	4	0	1

6

2	4	1	3

2	1	4	3

3	1	4	2

1–6 Kontrolle: Gleiche Decksteine.

„Plusaufgaben“

Nr.			
1	20 (Deckstein); 5 4 0 3	5 0 3 6	5 2 1 6
2	5 2 3 0	5 0 4 3	10 2 1 1
3	4 3 2 1	4 0 5 1	4 5 0 1
4	4 2 1 7	6 0 3 5	4 0 4 4
5	4 0 3 7	4 3 0 7	4 1 2 7
6	1 2 3 4	1 3 2 4	4 2 3 1

1–6 Kontrolle: Gleiche Decksteine.

„Minusaufgaben“

1

Zahlenmauer	Aufgabe
14 / 10, 4	14 – 10 = 4
14 / 4, …	14 – 4 = ...
11 / 10, …	11 – 10 = ...
11 / 1, …	11 – 1 = ...
17 / 10, …	17 – 10 = ...
17 / 7, …	17 – 7 = ...
9 / 8, …	9 – 8 = ...
9 / 1, …	9 – 1 = ...

2

Zahlenmauer	Aufgabe
2 / 1, …	2 – 1 = ...
4 / 2, …	4 – 2 = ...
6 / 3, …	6 – 3 = ...
8 / 4, …	8 – 4 = ...
10 / 5, …	10 – 5 = ...
12 / 6, …	12 – 6 = ...
14 / 7, …	14 – 7 = ...
16 / 8, …	16 – 8 = ...
18 / 9, …	19 – 9 = ...
20 / 10, …	20 – 10 = ...

3

Zahlenmauer	Aufgabe
10 / 9, …	10 – 9 = ...
10 / 8, …	10 – 8 = ...
10 / 7, …	10 – 7 = ...
10 / 6, …	10 – 6 = ...
10 / 5, …	10 – 5 = ...
10 / 1, …	10 – 1 = ...
10 / 2, …	10 – 2 = ...
10 / 3, …	10 – 3 = ...
10 / 4, …	10 – 4 = ...
20 / 1, …	20 – 1 = ...
20 / 8, …	20 – 8 = ...
20 / 3, …	20 – 3 = ...
20 / 6, …	20 – 6 = ...
20 / 15, …	20 – 15 = ...

 Minusaufgaben an kleinen Zahlenmauern über Umkehraufgaben lösen.

⚡ „Minusaufgaben“

1

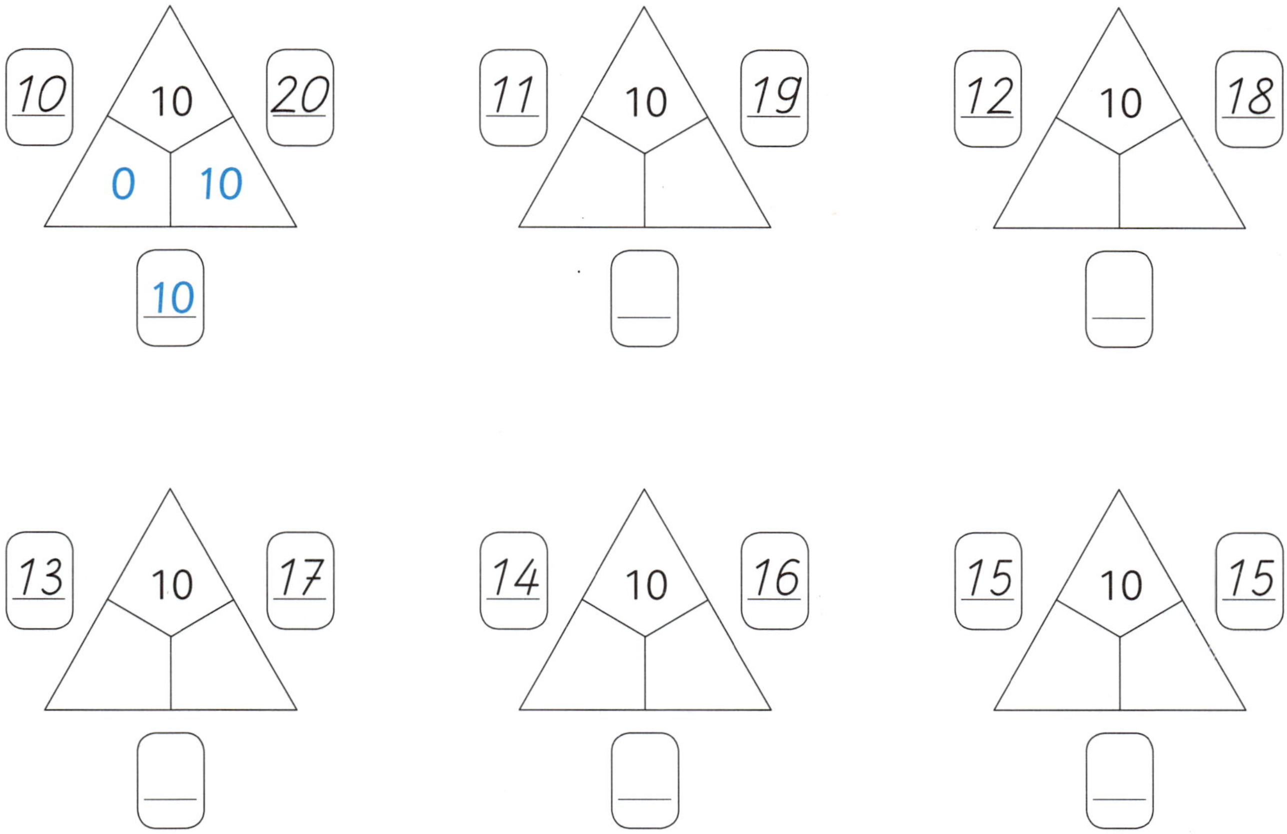

2

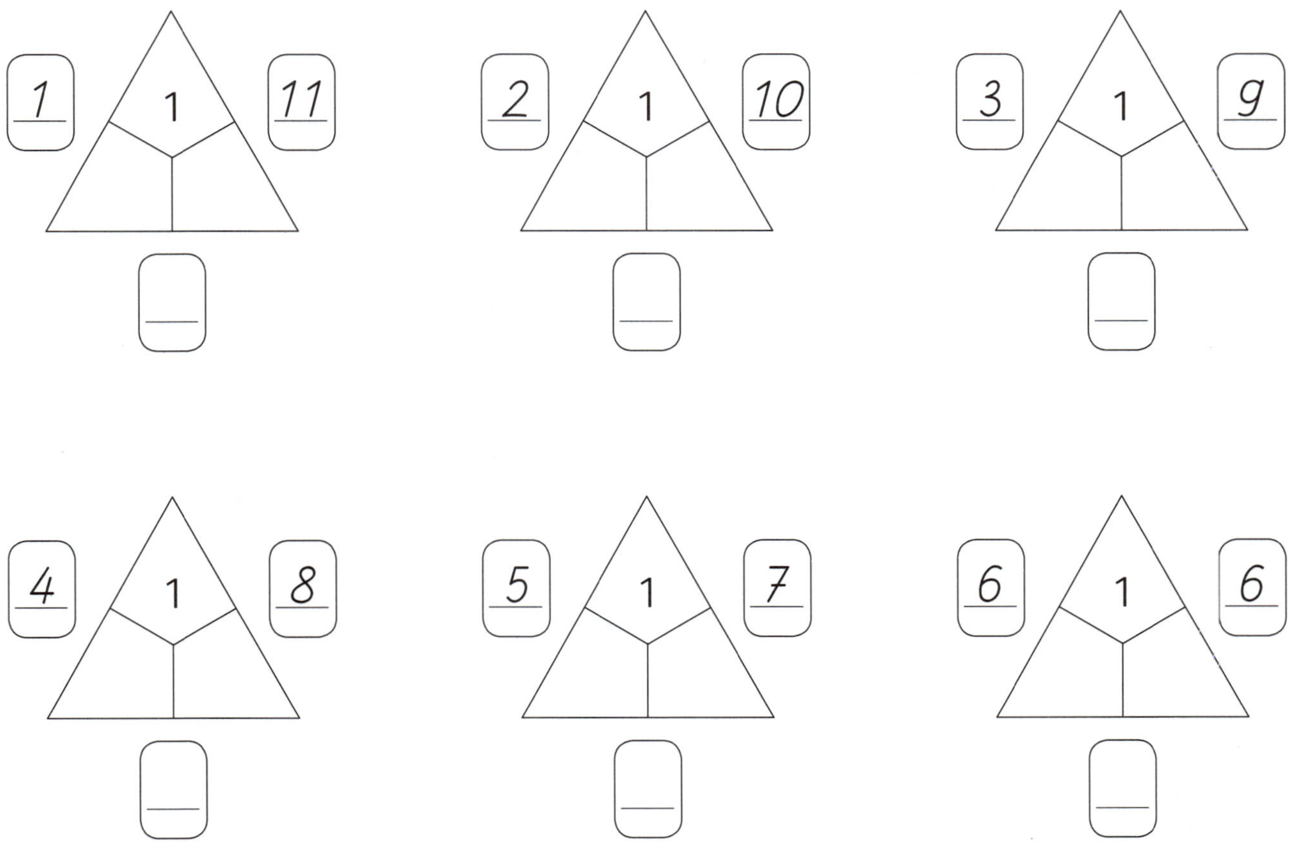

1, 2 Bei jedem Rechendreieck sind zwei Minusaufgaben zu rechnen, die auch durch Ergänzen gelöst werden können. Dazu kommt eine einfache Plusaufgabe. Kontrolle: Muster in den unteren äußeren Zahlen.

⚡ „Minusaufgaben“

1

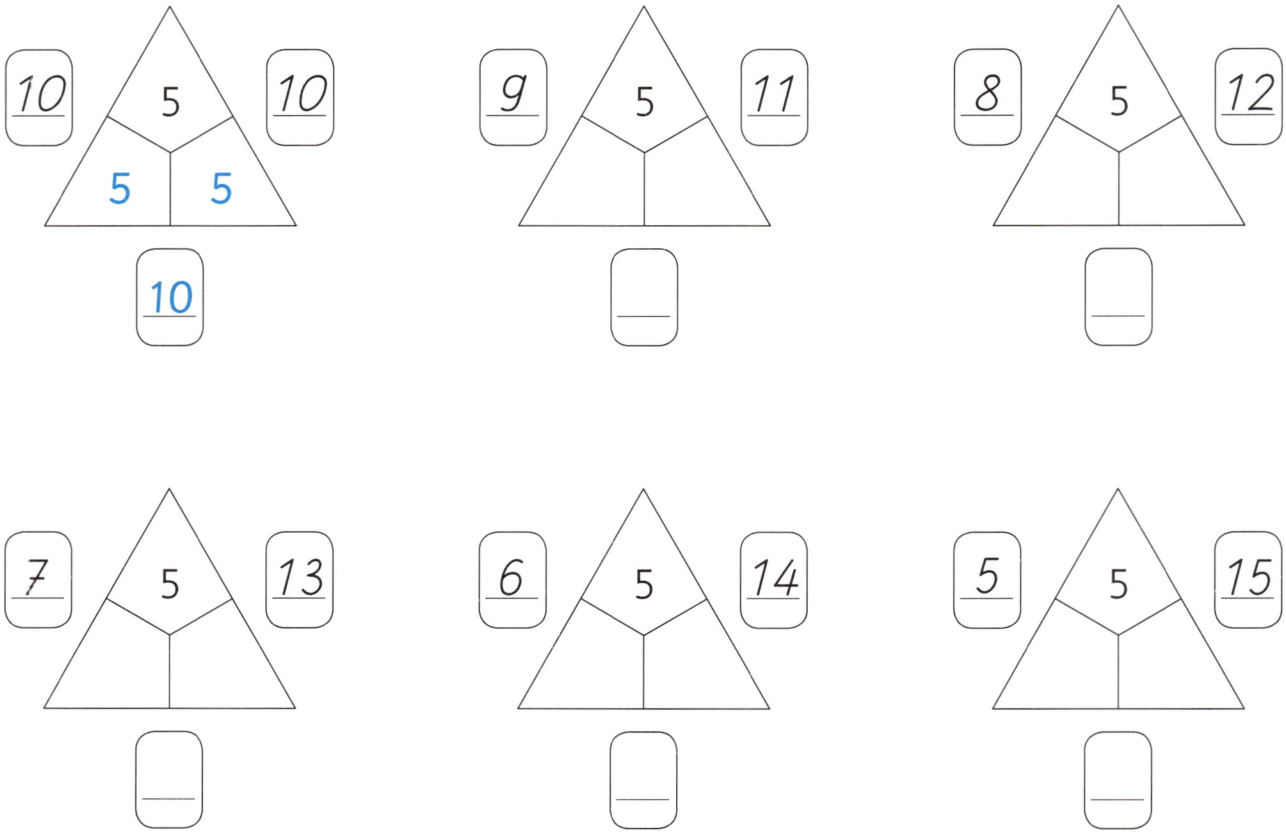

2

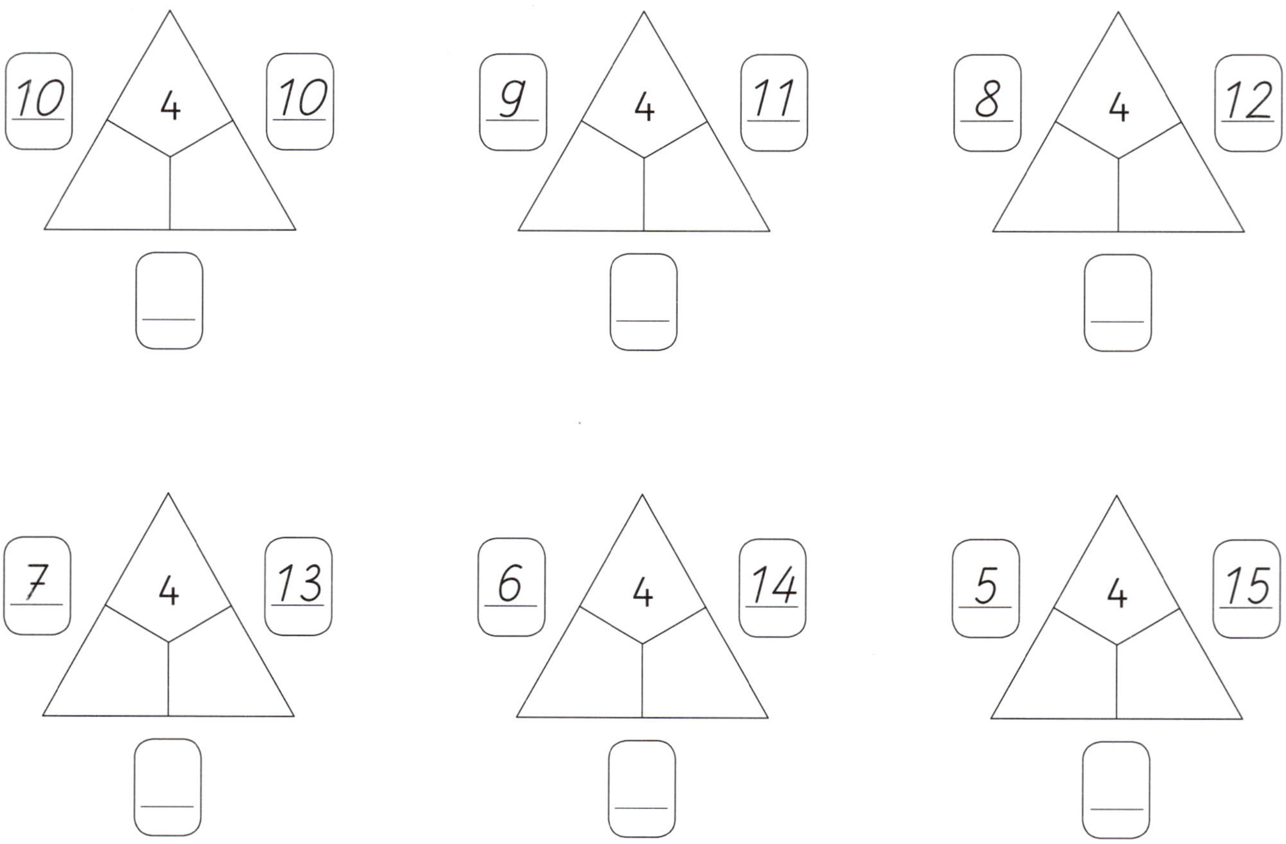

1, 2 Bei jedem Rechendreieck sind zwei Minusaufgaben zu rechnen, die auch durch Ergänzen gelöst werden können. Dazu kommt eine einfache Plusaufgabe. Kontrolle: Muster in den unteren äußeren Zahlen.

„Minusaufgaben“

1

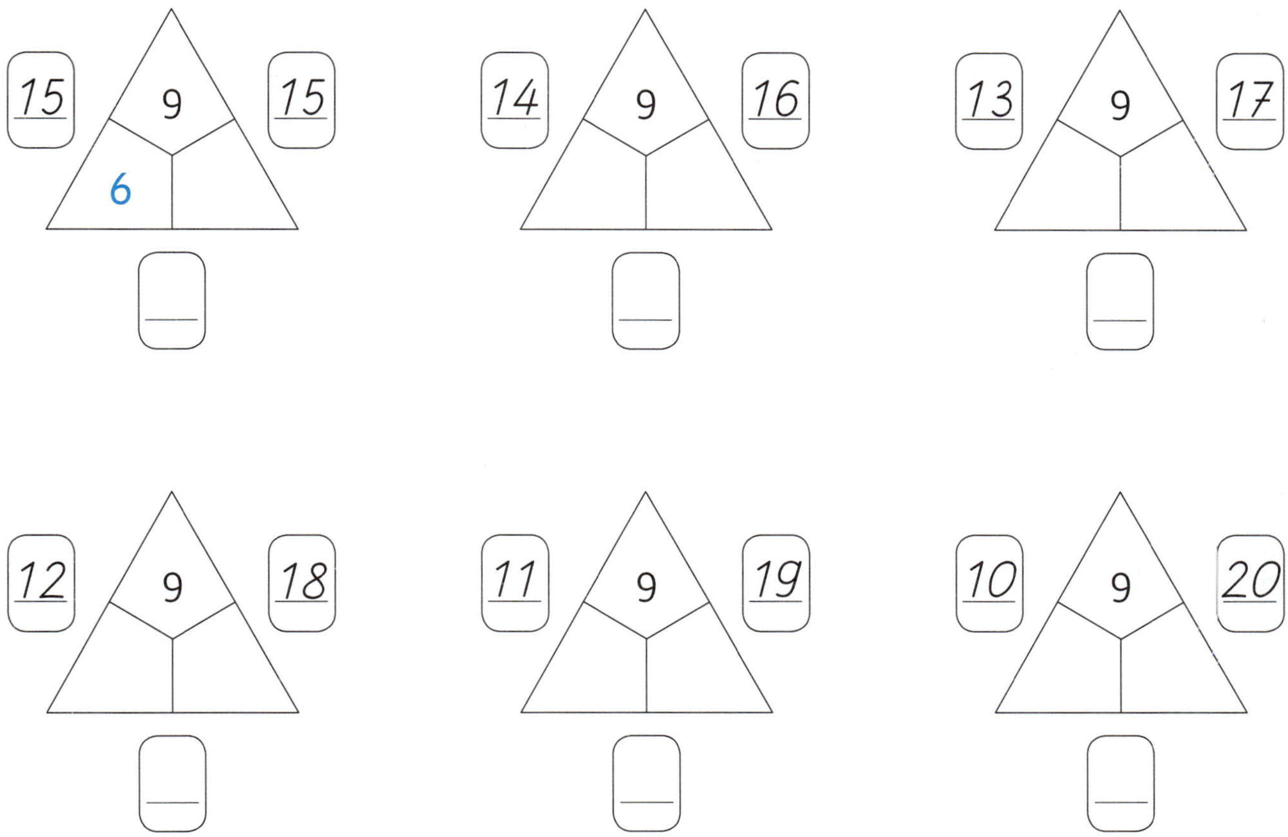

2

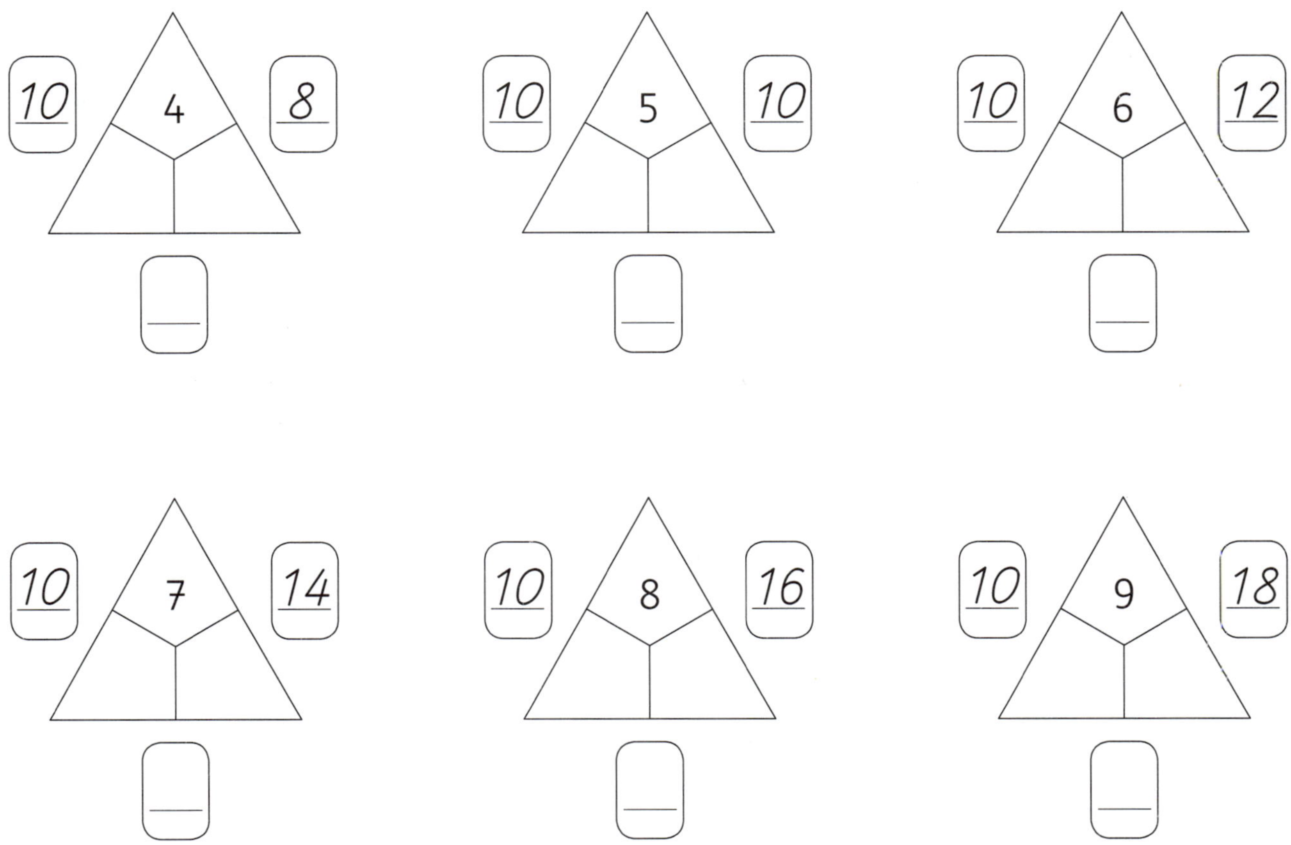

1, 2 Bei jedem Rechendreieck sind zwei Minusaufgaben zu rechnen, die auch durch Ergänzen gelöst werden können. Dazu kommt eine einfache Plusaufgabe. Kontrolle: Muster in den unteren äußeren Zahlen.

„Minusaufgaben“

1

9 + 1 = ...	8 + 2 = ...	7 + 3 = ...	6 + 4 = ...
10 − 1 = ...	10 − 2 = ...	10 − 3 = ...	10 − 4 = ...
10 − 9 = ...	10 − 8 = ...	10 − 7 = ...	10 − 6 = ...

2

6 + 6 = ...	7 + 7 = ...	8 + 8 = ...	9 + 9 = ...
12 − 6 = ...	14 − 7 = ...	16 − 8 = ...	18 − 9 = ...

3

5 + 1 = ...	5 + 2 = ...	5 + 3 = ...	5 + 4 = ...
6 − 1 = ...	7 − 2 = ...	8 − 3 = ...	9 − 4 = ...
6 − 5 = ...	7 − 5 = ...	8 − 5 = ...	9 − 5 = ...
5 + 6 = 11	5 + 7 = ...	5 + 8 = ...	5 + 9 = ...
11 − 6 = ...	... − 7 = ...	... − 8 = ...	... − 9 = ...
11 − 5 = ...	... − 5 = ...	... − 5 = ...	... − 5 = ...

4

11 + 1 = ...	12 + 1 = ...	13 + 1 = ...	14 + 1 = ...
12 − 1 = ...	13 − 1 = ...	14 − 1 = ...	... − 1 = ...
12 − 11 = ...	13 − 12 = ...	14 − 13 = ...	... − 14 = ...

5

4 + 3 = ...	7 + 6 = ...	8 + 7 = ...	8 + 4 = ...
7 − 3 = ...	13 − 6 = ...	15 − 7 = ...	12 − 4 = ...
7 − 4 = ...	13 − 7 = ...	15 − 8 = ...	12 − 8 = ...
9 + 6 = ...	9 + 7 = ...	9 + 8 = ...	9 + 4 = ...
... − 6 = ...	... − 7 = ...	... − 8 = ...	... − 4 = ...
... − 9 = ...	... − 9 = ...	... − 9 = ...	... − 9 = ...

1–5 Aus Plusaufgaben und ihren Ergebnissen Minusaufgaben und ihre Ergebnisse ableiten.

„Minusaufgaben“

1

12 – 10 = ...	7 – 2 = ...	12 – 6 = ...	9 – 1 = ...
12 – 9 = ...	7 – 3 = ...	12 – 7 = ...	9 – 2 = ...
11 – 5 = ...	9 – 8 = ...	8 – 8 = ...	17 – 10 = ...
11 – 6 = ...	9 – 7 = ...	8 – 7 = ...	16 – 9 = ...

2

20 – 10 = ...	16 – 8 = ...	14 – 7 = ...	15 – 5 = ...
19 – 9 = ...	17 – 8 = ...	15 – 8 = ...	15 – 6 = ...
15 – 10 = ...	9 – 9 = ...	12 – 8 = ...	10 – 4 = ...
15 – 9 = ...	10 – 9 = ...	11 – 8 = ...	11 – 4 = ...

3

10 – 5 = ...	10 – 6 = ...	6 – 6 = ...	13 – 3 = ...
9 – 5 = ...	11 – 7 = ...	6 – 5 = ...	12 – 3 = ...
6 – 3 = ...	13 – 8 = ...	11 – 1 = ...	4 – 2 = ...
6 – 2 = ...	14 – 8 = ...	11 – 2 = ...	5 – 3 = ...

4

8 – 3 = ...	7 – 5 = ...	10 – 7 = ...	8 – 4 = ...
9 – 3 = ...	8 – 6 = ...	9 – 6 = ...	9 – 4 = ...
10 – 3 = ...	13 – 9 = ...	7 – 6 = ...	14 – 10 = ...
11 – 3 = ...	13 – 10 = ...	6 – 6 = ...	14 – 9 = ...

1–4 Pärchen von Nachbaraufgaben. Kontrolle: In jedem Päckchen stützt die einfachere Aufgabe die schwierigere.

„Minusaufgaben“

1

8 – 3 = ...	17 – 10 = ...	15 – 5 = ...	10 – 10 = ...
8 – 2 = ...	16 – 9 = ...	15 – 6 = ...	10 – 9 = ...
13 – 3 = ...	9 – 6 = ...	15 – 10 = ...	4 – 2 = ...
12 – 3 = ...	8 – 6 = ...	14 – 9 = ...	4 – 3 = ...

2

13 – 5 = ...	12 – 6 = ...	12 – 2 = ...	10 – 5 = ...
14 – 6 = ...	13 – 6 = ...	12 – 3 = ...	9 – 5 = ...
12 – 10 = ...	9 – 0 = ...	12 – 4 = ...	6 – 5 = ...
11 – 9 = ...	9 – 1 = ...	11 – 3 = ...	6 – 4 = ...

3

14 – 7 = ...	6 – 1 = ...	20 – 10 = ...	10 – 0 = ...
13 – 7 = ...	5 – 0 = ...	19 – 10 = ...	10 – 1 = ...
12 – 6 = ...	10 – 4 = ...	15 – 9 = ...	10 – 7 = ...
11 – 6 = ...	11 – 4 = ...	14 – 8 = ...	11 – 7 = ...

4

10 – 6 = ...	8 – 8 = ...	16 – 8 = ...	8 – 0 = ...
9 – 6 = ...	8 – 7 = ...	15 – 8 = ...	8 – 1 = ...
9 – 2 = ...	13 – 5 = ...	8 – 3 = ...	13 – 3 = ...
9 – 3 = ...	13 – 6 = ...	7 – 2 = ...	13 – 4 = ...

 1–4 Pärchen von Nachbaraufgaben. Kontrolle: In jedem Päckchen stützt die einfachere Aufgabe die schwierigere.

„Minusaufgaben“

1

20			
8	12		
3	5	7	
1	2	3	4

20			
9			
4			
1			

20			
11			
6			
4			

2

16			
9			
6			
4			

16			
8			
5			
4			

16			
8			
5			
3			

3

18			
7			
3			
2			

18			
9			
5			
4			

18			
11			
7			
4			

4

20			
11			
6			
2			

20			
8			
3			
2			

20			
9			
4			
3			

5

22			
9			
3			
1			

22			
11			
5			
1			

22			
13			
7			
3			

6

24			
13			
6			
2			

24			
12			
5			
1			

24			
11			
4			
1			

1–6 Kontrolle: Gleiche Grundsteine in verschiedener Reihenfolge.

„Plusaufgaben/Minusaufgaben“

Hüpf im Päckchen. Rechne immer mit dem Ergebnis weiter.

1

5 + 5 = 10	10 − 4 = ...	1 + 7 = ...	9 + 2 = ...
9 − 4 = ...	11 − 2 = ...	13 − 3 = ...	4 + 4 = ...
10 − 4 = 6	9 − 2 = ...	8 + 5 = ...	8 − 6 = ...
5 − 4 = ...	7 + 1 = ...	2 + 5 = ...	11 − 7 = ...
6 + 3 = ...	6 + 5 = ...	10 − 8 = ...	2 + 8 = ...
Ziel 1	Ziel 8	Ziel 7	Ziel 10

2

18 − 9 = ...	1 + 8 = ...	7 + 6 = ...	20 − 10 = ...
13 + 2 = ...	11 + 5 = ...	17 − 6 = ...	15 + 4 = ...
8 + 4 = ...	16 − 6 = ...	8 − 3 = ...	9 − 7 = ...
15 − 7 = ...	9 − 6 = ...	11 − 3 = ...	10 + 5 = ...
9 + 4 = ...	3 + 8 = ...	13 + 4 = ...	19 − 10 = ...
Ziel 12	Ziel 10	Ziel 5	Ziel 2

3

20 − 6 = ...	8 + 5 = ...	7 + 7 = ...	19 − 9 = ...
5 − 3 = ...	7 + 4 = ...	9 + 7 = ...	8 + 8 = ...
14 − 5 = ...	13 − 6 = ...	15 − 6 = ...	10 − 2 = ...
9 − 4 = ...	5 + 9 = ...	8 + 7 = ...	16 − 4 = ...
2 − 2 = ...	11 − 6 = ...	14 − 6 = ...	12 + 5 = ...
Ziel 0	Ziel 14	Ziel 16	Ziel 17

4

11 + 9 = ...	3 + 9 = ...	9 + 8 = ...	6 + 4 = ...
15 − 10 = ...	11 + 2 = ...	13 − 7 = ...	3 + 8 = ...
12 + 3 = ...	18 − 7 = ...	17 − 9 = ...	20 − 7 = ...
20 − 8 = ...	13 − 9 = ...	15 − 2 = ...	10 − 7 = ...
5 − 2 = ...	12 + 6 = ...	8 + 7 = ...	11 + 9 = ...
Ziel 3	Ziel 4	Ziel 6	Ziel 13

1–4 Kontrolle in jedem Päckchen.

„Plusaufgaben/Minusaufgaben“

Hüpf im Päckchen. Rechne immer mit dem Ergebnis weiter.

1

9 + 4 = 13	17 − 8 = ...	6 + 6 = ...	20 − 6 = ...
18 − 7 = ...	11 + 7 = ...	18 − 7 = ...	17 + 2 = ...
13 − 5 = 8	9 − 4 = ...	4 + 10 = ...	19 − 7 = ...
11 + 9 = ...	5 + 10 = ...	11 − 7 = ...	14 − 6 = ...
8 + 10 = ...	15 − 4 = ...	12 + 6 = ...	8 + 9 = ...
Ziel 20	Ziel 18	Ziel 14	Ziel 12

2

5 + 8 = ...	5 + 7 = ...	19 − 9 = ...	18 − 6 = ...
18 − 3 = ...	9 + 6 = ...	9 − 6 = ...	1 + 10 = ...
9 + 1 = ...	12 + 5 = ...	3 + 3 = ...	12 − 6 = ...
15 − 6 = ...	17 − 8 = ...	10 − 8 = ...	11 − 7 = ...
13 + 5 = ...	15 − 7 = ...	2 + 7 = ...	6 − 5 = ...
Ziel 10	Ziel 8	Ziel 6	Ziel 4

3

6 + 9 = ...	4 + 5 = ...	20 − 8 = ...	16 − 5 = ...
11 − 5 = ...	17 − 5 = ...	1 + 8 = ...	2 + 11 = ...
6 + 7 = ...	9 + 5 = ...	12 − 8 = ...	13 + 6 = ...
20 − 9 = ...	14 + 3 = ...	9 + 8 = ...	11 − 4 = ...
15 + 5 = ...	12 + 4 = ...	4 − 3 = ...	7 − 5 = ...
Ziel 13	Ziel 16	Ziel 17	Ziel 19

4

17 − 9 = ...	16 − 6 = ...	3 + 8 = ...	7 + 3 = ...
12 + 4 = ...	11 − 4 = ...	8 − 6 = ...	5 + 9 = ...
16 − 5 = ...	7 + 7 = ...	19 − 5 = ...	13 − 8 = ...
8 − 7 = ...	10 − 4 = ...	11 + 8 = ...	10 + 3 = ...
1 + 11 = ...	6 + 5 = ...	14 − 6 = ...	14 − 9 = ...
Ziel 11	Ziel 14	Ziel 2	Ziel 5

1–4 Kontrolle in jedem Päckchen.

„Plusaufgaben/Minusaufgaben“

Hüpf im Päckchen. Rechne immer mit dem Ergebnis weiter.

1

5 + 1 = 6	5 + 5 = ...	5 + 4 = ...	5 + 2 = ...
8 + 3 = ...	14 + 3 = ...	14 + 1 = ...	11 + 1 = ...
15 + 5 = ...	19 + 1 = ...	18 + 2 = ...	17 + 3 = ...
6 + 2 = 8	10 + 4 = ...	9 + 5 = ...	7 + 4 = ...
11 + 4 = ...	17 + 2 = ...	15 + 3 = ...	12 + 5 = ...
Ziel 20	Ziel 20	Ziel 20	Ziel 20

2

20 − 1 = ...	20 − 5 = ...	20 − 3 = ...	20 − 4 = ...
10 − 5 = ...	6 − 1 = ...	9 − 4 = ...	11 − 3 = ...
17 − 3 = ...	11 − 3 = ...	15 − 5 = ...	7 − 2 = ...
14 − 4 = ...	8 − 2 = ...	17 − 2 = ...	16 − 5 = ...
19 − 2 = ...	15 − 4 = ...	10 − 1 = ...	8 − 1 = ...
Ziel 5	Ziel 5	Ziel 5	Ziel 5

3

20 − 10 = ...	4 + 10 = ...	14 − 6 = ...	10 + 7 = ...
11 + 7 = ...	5 + 8 = ...	9 − 7 = ...	8 + 6 = ...
10 + 9 = ...	14 − 9 = ...	8 + 9 = ...	14 − 10 = ...
18 − 6 = ...	6 + 6 = ...	17 − 8 = ...	4 + 8 = ...
19 − 8 = ...	13 − 7 = ...	2 + 10 = ...	17 − 9 = ...
Ziel 12	Ziel 12	Ziel 12	Ziel 12

4

5 + 3 = ...	15 − 7 = ...	13 + 2 = ...	13 + 6 = ...
13 − 4 = ...	5 + 6 = ...	11 − 1 = ...	16 − 7 = ...
9 + 7 = ...	8 − 3 = ...	12 + 4 = ...	14 + 2 = ...
8 + 5 = ...	15 − 5 = ...	15 − 3 = ...	9 + 1 = ...
16 − 6 = ...	11 + 4 = ...	16 − 5 = ...	19 − 5 = ...
Ziel 10	Ziel 10	Ziel 10	Ziel 10

1–4 Kontrolle in jedem Päckchen.

„Halbieren“

1

2: 1 | 1
4: 2 | 2
6: _ | _
8: _ | _
10: _ | _

12: 6 | 6
14: _ | _
16: _ | _
18: _ | _
20: _ | _

2

10: 5 | 5
2: _ | _
12: _ | _

10: _ | _
4: _ | _
14: _ | _

10: _ | _
10: _ | _

10: _ | _
6: _ | _
16: _ | _

10: _ | _
8: _ | _
18: _ | _

20: _ | _

3

6: 3 | 3
16: _ | _
4: _ | _
14: _ | _

2: _ | _
12: _ | _
8: _ | _
16: _ | _

0: _ | _
10: _ | _
20: _ | _

Kleine Zahlenmauern zur Notation des Halbierens. **1** Halbieren mit aufsteigenden Zahlen. **2, 3** Von der Halbierung kleinerer Zahlen zur Halbierung größerer Zahlen.

⚡ „Halbieren“

1

Zahl	2	4	6	8	10	12	14	16	18	20
Die Hälfte	1	2								

Zahl	10	2	12	4	14	6	16	8	18	20
Die Hälfte										

2

Zahl	2	4	8	16	6	12	10	20	14	18
Die Hälfte										

Zahl	0	10	12	8	6	4	2	14	16	18
Die Hälfte										

Zahl	0	20	2	18	4	16	6	14	8	12
Die Hälfte										

3

2 = 1 + 1 4 = 2 + ... 6 = 3 + ... 8 = 4 + ...

10 = 5 + 5 10 = 5 + ... 10 = ... + ... 10 = ... + ...

12 = 6 + ... 14 = ... + ... 16 = ... + ... 18 = ... + ...

1, 2 Halbieren in Tabellenform. **3** Halbieren in Gleichungsform.